中国地质调查成果 CGS 2022-003
中国地质调查局地质调查项目(DD20191016)

喀喇昆仑南麓
卫星遥感景观图册

KALAKUNLUN NANLU WEIXING YAOGAN JINGGUAN TUCE

张志军　苏小钦　李有三　郑　磊
王　明　祁有辉　张文华　陈彦军　编著

中国地质大学出版社
ZHONGGUO DIZHI DAXUE CHUBANSHE

前言

"喀喇昆仑"源自突厥语,意为"黑色岩山",是指喀喇昆仑山脉,它是世界山岳冰川最发达的山脉,宽约240km,长约800km,平均海拔超过6000m,塔吉克斯坦、中国、巴基斯坦、阿富汗和印度等国的边界都辐辏于这一山系之内。

喀喇昆仑公路(也称中巴公路)是中国政府于20世纪60年代中期援建巴基斯坦的一条连接中国西部城市喀什和巴基斯坦首都伊斯兰堡的国际公路,是巴基斯坦通向中国的唯一一条陆上交通要道。喀喇昆仑公路北起我国新疆喀什市,沿G314国道,经西昆仑山慕士塔格山口,在帕米尔高原腹地的塔什库尔干谷地内向南东方向到达中巴边界口岸——红其拉甫,在巴基斯坦境内沿巴N35国道穿越洪扎河河谷及陡峭的印度河上游峡谷区一路南下至巴基斯坦首都伊斯兰堡。该公路由北向南穿越了喀喇昆仑山脉、兴都库什山脉和喜马拉雅山脉三条世界上最大的山脉,是世界上海拔最高的公路之一,被誉为"世界第八大奇迹",《中国国家地理》杂志将这条公路誉为"群山间的绸带"。

2019—2021年,中国地质调查局西宁自然资源综合调查中心在喀喇昆仑公路沿线开展"中巴经济走廊东段综合遥感地质调查与应用"研究,利用美国Landsat8卫星数据,国产高分一号、高分二号卫星数据及国产高景卫星数据,进行遥感地质解译,在其基础上编制本图册,从不同的视角向大家展示喀喇昆仑公路在巴基斯坦境内的历史传承和持续发展的艰辛历程,展示喀喇昆仑南麓地区特有的人文地理环境,展示克尔米尔谷地神奇的自然地质景观,为读者奉献上一份旅游科普大餐,拓展读者旅游文化新视野,激发读者对中巴经济走廊和喀喇昆仑的关注与兴趣。

在本书的撰写过程中得到了中国地质调查局自然资源综合调查指挥中心处长戚冉,中国地质调查局地球物理调查中心首席科学家张栋,中国地质调查局西宁自然资源综合调查中心党委书记欧清学、主任董福辰、副主任冯玉华、纪委书记王帅、副主任白建科、副主任张欣、副总工程师王雁鹤、副总工程师李业、副总工程师宋志军和中国地质调查局廊坊自然资源综合调查中心处长刘伟涛等相关领导专家的大力支持与帮助。中国地质大学(武汉)王力哲教授和董玉森副教授,中国人民解放军战略支援部队信息工程大学李宏伟教授,中国地质调查局自然资源航空物探遥感中心陈华高级工程师和王梦飞高级工程师,原武警黄金指挥部李永生高级工程师,青海省地质调查院谈生祥高级工程师、巨生成高级工程师和庄永成高级工程师为本书的出版提供了相关研究资料并提出了宝贵意见。中国人民解放军海军陆战学院刘晓静教授、中国人民解放军某部李双银高级工程师、某部王向前高级工程师、某部祁向龙工程师对本项目给予了关心和关注。在此对各位领导及专家的支持和帮助致以衷心的感谢!

限于笔者的水平和能力,图册中难免存在不足之处,恳请大家批评指正。

笔者

2021年10月

目 录

第一章
卫星简介

1999年10月14日,我国第一颗传输型陆地观测卫星——中巴地球资源卫星01星成功发射升空,开启了我国陆地观测卫星运行服务的序幕。此后,我国对地观测卫星事业持续发展,先后研制了资源系列、环境减灾系列、测绘系列、实践系列卫星,全面提升了我国自主获取高分辨率卫星观测数据的能力。我国陆地观测卫星已经形成由单一光学传感器向光学、雷达、高光谱等多传感器,由单系列向多系列,由低分辨率向高中低分辨率结合的全方位、全天时、立体化对地观测体系的转变。陆地遥感卫星已经具备全色、多光谱、红外、合成孔径雷达、视频和夜光等多种手段的观测能力,构建了包括资源、高分、环境/实践三大系列卫星和小卫星在内的对地遥感观测卫星系列,正应用于国土资源调查、环境保护、灾害监测和城市建设等领域,中国空间信息应用体系建设不断加速,遥感卫星及应用技术实现跨越发展。

资源系列卫星是中国的地球资源探测卫星,从20世纪80年代开始研制,相继发射了资源一号至资源三号3个系列。资源一号系列逐渐形成两个分支:一个是中国和巴西合作的资源一号CBERS系列,另一个是中国独立研制的资源一号业务卫星系列。

高分系列卫星来源于中国高分辨率对地观测系统重大专项(以下简称高分专项)。高分专项于2010年5月启动,在2020年建成中国自主研发的高分辨率对地观测系统。高分系列卫星覆盖从全色、多光谱到高光谱,从光学到雷达,从太阳同步轨道到地球同步轨道等多种类型,最终建设成为一个具有高时空分辨率、高光谱分辨率、高精度观测能力的对地观测系统。高分系列卫星编号从高分一号(以下简称GF-1)卫星开始,目前全部完成发射任务,主要服务于国家综合防灾减灾、国家安全、资源调查与监测、环境监测与评价、城市化精细管理、国家战略规划支撑及重大工程监测等国家级综合应用领域。

环境/实践系列卫星包括环境系列卫星和实践九号卫星。环境系列卫星是中国专门针对环境和灾害监测的对地观测系统。

中国的小卫星系列主要包括北京系列、天绘一号系列、高景一号卫星星座、珠海一号卫星星座、吉林一号卫星星座、珞珈一号和三极遥感星座观测系统。

本书主要用到了美国Landsat8 OLI中分辨率宽谱影像,国产GF-1、GF-2高分辨率遥感影像,国产高景一号卫星数据。

Landsat8 卫星

　　2013年2月12日,从美国加利福尼亚州的范登堡空军基地成功发射了Landsat8陆地卫星。Landsat8是为了纪念陆地卫星系列发射40周年(1972—2012年)而制订的陆地卫星数据连续性发射任务(Landsat DATA Continuity Mission,LDCM)的产物。Landsat8或称LDCM携带2个主要载荷:运行陆地成像仪(Operational Land Imager,OLI)和热红外传感器(Thermal Infrared Sensor,TIRS)。

　　OLI的各道数据均为12位,与ETM(Landsat7)的波段设置对比,OLI增加了2个波段:深蓝波段(波段1,观测海岸带区域气溶胶)和短波波段(波段9,观测卷云)。其他7个波段的波长边界也均有调整。ETM原热红外波段在OLI中取消,取而代之的为热红外传感器的2个热红外波段。

OLI与ETM的波段数据参数

波段	波段名称	波长范围/nm	数据用途	OSD地面采样距离/m	辐射率/$(W \cdot m^{-2} \cdot sr^{-1} \cdot \mu m^{-1})$(典型)	SNR(典型)
1	New Deep Blue	433~453	海岸带区域气溶胶	30	40	130
2	Blue	450~515	基色/散射/海岸		40	130
3	Green	525~600	基色/海岸		30	100
4	Red	630~680	基色/海岸		22	90
5	NIR	845~885	植物/海岸		14	90
6	SWIR2	1560~1660	植物		4	100
7	SWIR3	2100~2300	矿物/干草/无散射		1.7	100
8	PAN	500~680	图像锐化	15	23	80
9	WEIR	1360~1390	卷云	30	6	130
10	TIR	10 300~11 300	地表温度	100		
11	TIR	11 500~12 500	地表温度	100		

高分一号卫星

在人造卫星界,通信、导航、遥感是卫星应用最主要的三大流派。高分家族与"北斗"齐名,"北斗"是"导航派",即指定航线,而高分属于"遥感派",即非接触的远距离探测,是帮助人们从天上观测大气、海洋、陆地的"眼睛",人们常称天眼工程。

高分一号卫星是中国航天科技集团有限公司所属中国空间技术研究院航天东方红卫星有限公司研制的应用卫星,是中国高分辨率对地观测系统系列卫星中的第一颗卫星,于2013年4月26日在酒泉卫星发射中心用长征二号丁运载火箭成功发射。高分一号卫星搭载了1台2m分辨率全色相机、1台8m分辨率多光谱相机和4台16m分辨率多光谱相机。

作为我国高分辨率对地观测系统的首发星,高分一号卫星肩负着我国民用高分辨率遥感数据实现国产化的使命。该卫星突破了高空间分辨率、多光谱与宽覆盖相结合的光学遥感等关键技术,在分辨率和幅宽的综合指标上达到了目前国内外民用光学遥感卫星的领先水平。

1. 高分一号卫星技术特点

(1)高分一号卫星同时实现高分辨率与大幅宽的结合,2m高分辨率的成像幅宽为60km,16m分辨率的成像幅宽为800km,适应多种空间分辨率、多种光谱分辨率、多源遥感数据综合需求,满足不同应用要求。

高分一号卫星轨道和姿态控制参数

参数	指标
轨道类型	太阳同步回归轨道
轨道高度/km	645(标称值)
倾角/(°)	98.050 6
降交点地方时	10:30 am
侧摆能力(滚动)	±25°,机动25°的时间≤200s,具有应急侧摆(0滚动)±35°的能力

高分一号卫星有效载荷参数

参数	2m分辨率全色相机、8m分辨率多光谱相机		16m分辨率多光谱相机
光谱范围/μm	全色	0.45~0.90	
	多光谱	0.45~0.52	0.45~0.52
		0.52~0.59	0.52~0.59
		0.63~0.69	0.63~0.69
		0.77~0.89	0.77~0.89
分辨率/m	全色	2	16
	多光谱	8	
幅宽/km	60(2台相机组合)		800(4台相机组合)
重放周期(侧摆时)/d	4		
覆盖周期(不侧摆)/d	41		4

(2)在无地面控制点条件下,高分一号卫星的图像定位精度达到50m,满足用户精细化应用需求,达到国内同类卫星先进水平。

(3)在小卫星上实现2×450Mbp数据传输能力,满足大数据量应用需求,达到同类卫星先进水平。

(4)高分一号卫星具备高的姿态指向精度和稳定度,并具有35°侧摆成像能力。

(5)全面提升卫星寿命,高分一号卫星是我国首颗设计、考核寿命要求大于5a的低轨卫星。

(6)国内民用小卫星首次具备中继测控能力,可实现境外时段的测控与管理(刘斐,2013)。

2. 高分一号卫星功能

高分一号卫星能够为自然资源部门、农业农村部门、生态环境部门提供高精度、宽范围的空间观测服务,在地理测绘、海洋和气候气象观测、水利和林业资源监测、城市和交通精细化管理、疫情评估与公共卫生应急、地球系统科学研究等领域发挥重要作用。

高分一号任务由卫星、运载火箭、发射场、测控、地面、应用六大系统组成。2020年,高分系统与其他观测手段相结合,可形成具有时空协调、全天时、全天候、全球范围观测能力的稳定运行系统。

高分一号卫星搭载了1台2m分辨率全色相机、1台8m分辨率多光谱相机和4台16m分辨率多光谱相机。高分一号卫星突破了高空间分辨率、多光谱与高时间分辨率结合的光学遥感技术,多载荷图像拼接融合技术,高精度高稳定度姿态控制技术,设计寿命高可靠卫星技术,高分辨率数据处理与应用等关键技术,对于推动我国卫星工程水平的提升,提高我国高分辨率数据自给率,具有重大战略意义。

 # 高分二号卫星

高分二号(以下简称GF－2)卫星是我国自主研制的首颗空间分辨率优于1m的民用光学遥感卫星,于2014年8月19日在太原卫星发射中心成功发射,标志着我国遥感卫星进入亚米级"高分时代"。高分二号搭载了1台1m分辨率全色相机和1台4m分辨率多光谱相机,具有亚米级空间分辨率、高定位精度和快速姿态机动能力等特点。它在产品实现上做到完全自主可控,关键单机全部自主研发,是部件、单机国产化程度较高的遥感卫星,国产化率达到98%以上。高分二号突破了亚米级高分辨率大幅宽成像、长焦距大F数轻小型相机设计、高稳定度快速姿态侧摆机动、图像高精度定位、低轨道遥感卫星长寿命高可靠设计等关键技术,大幅提升了我国遥感卫星观测效能,打破了高分辨率对地观测数据依赖进口的被动局面,推动了我国高分辨率对地观测卫星及应用水平的提升,提高了国家高分辨率对地观测系统重大专项工程的社会效益和经济效益。

🔘 高分二号卫星飞行状态示意图

🔘 高分二号卫星

高分二号卫星主要设计指标

	项目	技术性能
轨道	轨道类型	太阳同步回归轨道
	平均轨道高度/km	631
	降交点地方时	10:30am
	回归周期/d	69
	重访、覆盖特性	无侧摆时,69d可完成全球无缝覆盖规则;侧摆23°时,全球任意地区重访周期不大于5d
	卫星质量/kg	2100
卫星尺寸	发射状态包络/mm×mm	Φ2870×3792
	太阳翼展开跨度/mm	11 032
观测能力	谱段/μm	全色:0.45~0.90
		多光谱:0.45~0.52;0.52~0.59;0.63~0.69;0.77~0.89
	星下点地面像元分辨率/m	全色谱段0.81,多光谱谱段3.24
	地面幅宽/km	>45
	定位精度/m	平面无控制点50
姿态控制	控制方式	三轴稳定,对地定向
	姿态指向精度/(°)	≤0.05(三轴,3σ)
	姿态稳定度/(°)·s^{-1}	≤5×10^{-4}(三轴,3σ)
	惯性空间测量精度/(°)	≤0.003(三轴,3σ)
	姿态机动能力	侧摆±35°,35°范围内侧摆及稳定时间小于180s,具有轨道侧摆2次的能力
测控系统	测控体制	USB+中继+双频GPS辅助定轨
	遥测码速率/bits·s^{-1}	4096
	遥控码速率/bits·s^{-1}	2000
	GPS定位精度	实时10m,事后处理50cm
电源	寿命末期太阳电池阵最大输出功率/W	不小于3200
	蓄电池容量/(A·h)	2×70
数据传输与存储	频段	X
	双模化频率复用方式	左旋+右旋
	数据压缩率	全色数据3:1压缩,多光谱数据无损压缩
	数据存储容量/Gbits	≥3756
	传输数据率/(Mbits·s^{-1})	2×450
	寿命/可靠度	5~8年,5年末可靠度≥0.6

1. 高分二号卫星技术特点

高分二号卫星技术特点包括如下几项(潘腾,2015)。

(1)亚米级、大幅宽成像技术。

(2)宽覆盖、高重访率轨道优化设计。

(3)高稳定度快速姿态侧摆机动控制技术。

(4)图像高定位精度设计。

(5)图像高辐射质量设计。

(6)轻小型相机设计技术。

(7)高集成度、高动态低噪声成像电路设计。

(8)载荷多种灵活工作模式设计。

(9)智能化的在轨健康检测和故障处理能力。

2. 高分二号卫星主要用途

高分二号卫星主要用户是自然资源部、住房和城乡建设部、交通运输部、国家林业和草原局。高分二号卫星与高分一号卫星相互配合,可推动高分辨率卫星数据应用,为土地利用动态监测、矿产资源调查、城乡规划监测评价、交通路网规划、森林资源调查、荒漠化监测等行业和首都圈等区域应用提供服务支撑(丘学雷,2014)。

 # 高景一号卫星

高景一号01、02卫星于2016年12月28日11:23am在太原卫星发射中心用长征二号丁运载火箭以一箭双星的方式成功发射。高景一号01、02卫星全色分辨率0.5m,多光谱分辨率2m,轨道高度530km,幅宽12km,过境时间为10:30am。它是国内首个具备高敏捷、多模式成像能力的商业卫星星座,不仅可以获取多点、多条带拼接等影像数据,还可以进行立体采集。单景最大可拍摄60km×70km影像。

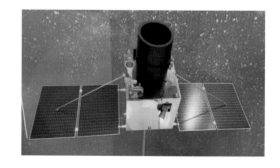

▲ 高景一号01、02卫星

高景一号01、02卫星数据参数

轨道	高度：530km
	类型：太阳同步轨道
	回归周期：97min
设计寿命/a	8
卫星质量/kg	560
谱段/nm	全色：450～890
	多光谱 蓝：450～520 绿：520～590 红：630～690 近红外：770～890
分辨率/m	全色：0.5，多光谱：2
动态范围/bits	11
幅宽/km	12
存储空间/bits	24
重访周期/d	1
日采集能力/km²	＞200万
景面积/km²	144

  高景一号03、04卫星于2018年1月9日11:24am在太原卫星发射中心用长征二号丁运载火箭以一箭双星的方式发射。高景一号03、04卫星与同轨道的高景一号01、02卫星组网运行，在轨均匀分布，四星相位差90°，对任意目标的重访周期为1d。高景一号卫星星座通过灵活的工作模式和星地一体化运行控制已实现强大的数据采集及传输能力，四星组网每天可采集300万km²影像。

第二章
喀喇昆仑公路

鲁迅曾说过："世上本没有路，走的人多了，也便成了路。"而在海拔高达4800m的帕米尔高原与喀喇昆仑的崇山峻岭间原本也没有路，但是，自从中国人踏上这片神奇的土地，这里便有了路，一条传承40多年、凝结中巴两国人民深厚情感的友谊之路——喀喇昆仑公路。

巴基斯坦，毗邻我国新疆维吾尔自治区，拥有古老灿烂的文明、挺拔险峻的雪山和淳朴聪慧的人民。作为最早和我国建立外交关系的国家之一，其境内很多重要基础设施都烙下了浓重的"中国印记"——贯穿巴基斯坦北部的喀喇昆仑公路就是其中之一。此路依山而建，在高山大河的环抱中蜿蜒前行，从空中俯瞰，如同一条多彩纽带，维系着中国和巴基斯坦的文化经济关系，更维系着两国人民间深重真挚的情谊。

喀喇昆仑公路是中国政府于20世纪60年代中期援建巴方的一条连接中国西部城市喀什和巴基斯坦首都伊斯兰堡的国际公路，20世纪70年代末竣工通车。该公路是巴基斯坦连接中国的唯一一条陆上交通要道，沿丝绸之路修建，并穿越了喜马拉雅山、喀喇昆仑山和兴都库什山脉，是世界上海拔最高的公路之一，被誉为"世界第八大奇迹"，《中国国家地理》杂志将这条公路誉为"群山间的绸带"。

中巴友谊体现在中巴政府、人民之间交往的许多方面，而喀喇昆仑公路无疑是其中非常闪亮的一个窗口，透过这个窗口我们看到，其中既有历史的传承，又有现实的延续，更有对未来的憧憬。这条跨越时空、铭记艰辛的公路，是中巴友谊永恒的见证。

2015年4月，国家主席习近平在巴基斯坦议会作题为《构建中巴命运共同体 开辟合作共赢新征程》的重要演讲，演讲提及"中巴传统友谊必然像喀喇昆仑公路一样越走越宽广"。

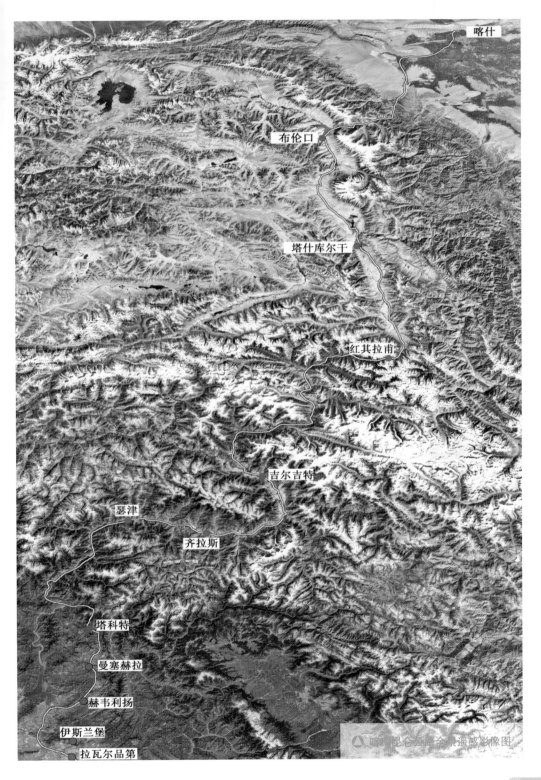

喀什

布伦口

塔什库尔干

红其拉甫

吉尔吉特

瑟津

齐拉斯

塔科特

曼塞赫拉

赫韦利扬

伊斯兰堡

拉瓦尔品第

△ 喀喇昆仑公路全景遥感影像图

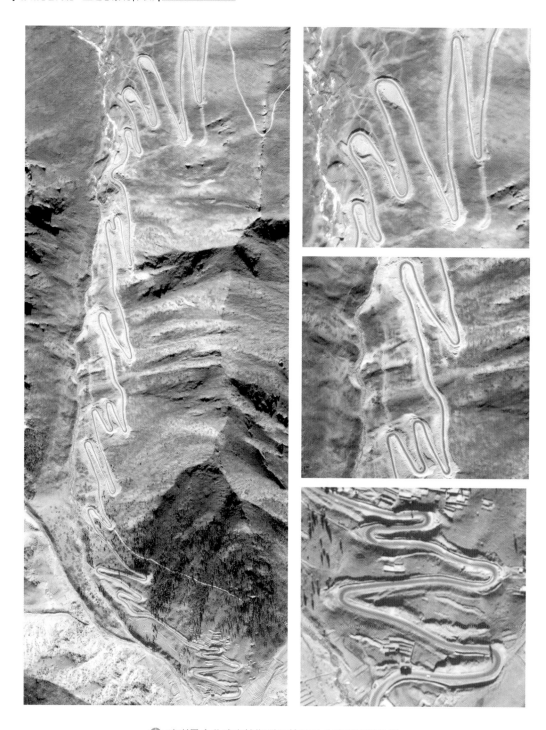

🔺 喀喇昆仑公路齐拉斯附近的N15公路遥感影像图

喀喇昆仑公路建设历程

喀喇昆仑万重山，

雪暴风狂冰石翻。

险峰嵯峨寒云绕，

绝壁茸峙瀑流穿。

苍鹰展翅飞不过，

山羊善登愁攀援。

危乎高哉盘陀路，

无人不叹行路难。

——喀喇昆仑公路修建者手记

1. 征服喀喇昆仑山

1966—1978年,中国援助巴基斯坦修建喀喇昆仑公路,它是中巴人民用鲜血修筑而成的。在巴基斯坦北部地区吉尔特的土地上埋葬着许多筑路修桥的热血男儿,他们远离祖国和亲人,流血流汗,他们修筑公路、架设桥梁、修建涵洞,用生命换来了喀喇昆仑公路的全线贯通。

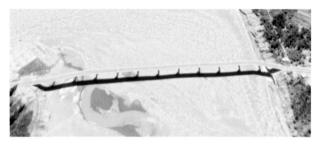 

🔺 夏希克特大桥遥感影像图　　　　🔺 连接村镇的小型桥梁遥感影像图

1978年6月,中巴两国在巴基斯坦北部城市塔科特举行隆重的通车仪式,中国国务院副总理耿飚和巴基斯坦总统齐亚·哈克为仪式剪彩后分别代表两国政府在公路交接证书上签字。随后,齐亚·哈克总统发表了热情洋溢的讲话。他说:"中国的万里长城被视为古代成就的一个标志,新建的喀喇昆仑公路将被视为现代的一项罕见杰作!"为了表达巴基斯坦人民的真诚谢意,总统齐亚·哈克代表政府和人民向筑路人员颁授勋章。

🔺 喀喇昆仑公路遥感影像图

🔺 泥石流沟口处桥梁遥感图

🔺 公路上清晰可见的临时停靠点遥感图

🔺 公路沿线的加油站遥感图

🔺 吉尔吉特大桥遥感图

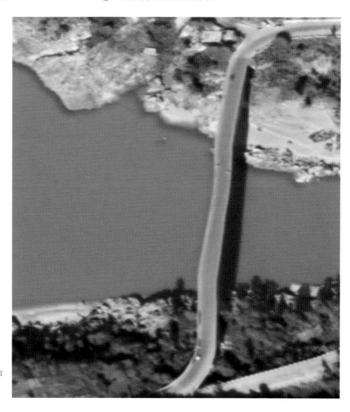

🔵 塔科特大桥——巴中
友谊桥遥感图

喀喇昆仑公路被誉为世界公路史上的奇迹,也是中巴两国世代友谊的象征。其间,巴基斯坦政府总统从阿尤布·汗、叶海亚·汗、阿里·布托到齐亚·哈克,他们全都积极推进和竭力促成喀喇昆仑公路的修筑。

1978 年 6 月,为永远纪念那些长眠异乡的中国筑路英雄们,巴基斯坦人民在吉尔吉特建起了一座烈士陵园,这里安葬了 88 位中国人。自建园那天起,家住陵园附近的阿里·马达德和阿里·艾哈迈德就主动担负起看守陵园的职责。马达德负责看门护院和清扫院落,艾哈迈德帮着修剪园区花卉,无论是刮风下雨,还是严寒酷热,他们都始终如一。

塔科特

◉ 喀喇昆仑公路红其拉甫至塔科特段遥感影像图

2. 改扩建项目一期

2006年12月,巴基斯坦总统穆沙拉夫访华期间,中巴发表联合声明,"双方原则同意合作改扩建中巴喀喇昆仑公路"。2008年2月16日,喀喇昆仑公路红其拉甫至塔科特改扩建项目在巴基斯坦伊斯兰堡国家会议中心举行开工典礼,标志着整个改扩建项目的正式启动。

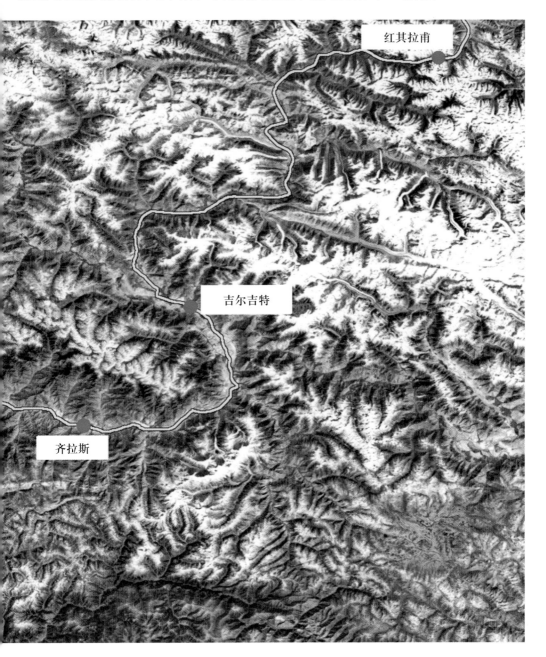

　　"雄关漫道真如铁,而今迈步从头越。"在公路沿途地区的原有地质结构复杂,地震、塌方、泥石流、雪崩等地质灾害高发、频发的地质环境下,中国路桥人毅然踏上了扩建喀喇昆仑公路的征程,他们扩宽了道路、修建了保护墙,新建桥梁39座、涵洞1110个、明洞18个、隧道1座,并且修复了26座桥梁。

🔺 陡坎下公路遥感影像图

🔺 受崩塌影响路段遥感影像图　　　　　🔺 危险路段遥感影像图

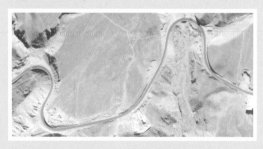 

🔺 蜿蜒曲折路段遥感影像图　　　　🔺 在泥石流路段设计的"U"形公路遥感影像图

🔺 规避泥石流灾害的渡槽遥感影像图   🔺 过水路面遥感影像图

🔺 不稳定斜坡下公路遥感影像图

🔺 K520 隧道遥感影像图   🔺 K520 隧道

　　2010年1月4日,巴基斯坦北部吉尔吉特附近的罕萨山谷施工路段对面,一座约700m高的山体突然整体滑坡,形成了一个高200m的巨大壅塞体,使得上游河水迅速积聚,将附近的村庄、耕地、民居、道路等全部吞没。灾难发生后的第一时间,改扩建项目组立即成立了应急救援、转移、疏导和观测等小组,从各方面竭尽全力帮助当地巴基斯坦人民。

　　这次滑坡不但埋掉了部分施工工地和当地房屋,而且巨大的山石形成了一座天然坝,拦住了罕萨河的去路。几个月后,这里形成了一个堰塞湖,最宽处2.3km、长约25km,湖水最深处达100多米,完全淹没了施工路段。更糟糕的是,当地只有这一条路可通行,可陆路完全被湖水阻断了。这个湖现在已被命名为阿塔巴德湖。

🔻 喀喇昆仑公路沿线罕萨山谷山体滑坡形成的堰塞湖的遥感影像图

2012年9月,堰塞湖改线段项目开工。改线段新建5条总长7km的隧道,同时架设4座桥梁,并铺设14km路面,以解决堰塞湖的难题。在改线段以外的其他路段,山体崩塌、洪水、泥石流和雪崩等自然灾害时有发生,但中国建设者迎难而上,于2013年11月30日按期完成了除改线段外的全部工程,平坦宽阔的公路获得了巴基斯坦官员和百姓的高度认可。2015年9月14日在巴基斯坦北部阿达巴德地区举行喀喇昆仑公路堰塞湖改线段项目竣工仪式,巴基斯坦总理谢里夫出席仪式。至此,中国路桥人成功解决了堰塞湖难题,使中巴友谊公路时隔5年多重新贯通,这5条隧道也被命名为"巴中友谊隧道"(齐中熙,2015)。

3. 改扩建项目二期

喀喇昆仑公路二期(赫韦利扬至塔科特段)项目位于中巴经济走廊陆路通道的核心路段,是贯通巴基斯坦南北公路网的重要组成部分。项目全长近120km,其中高速公路段(赫韦利扬—曼塞赫拉)

喀喇昆仑公路赫韦利扬至塔科特段遥感影像图

为双向四车道标准,长约39km,于2019年11月18日正式通车。本次通车的二级公路段(曼塞赫拉—塔科特)长约79km。二期项目是中巴经济走廊的旗舰工程,为巴基斯坦经济发展和中巴经贸合作起到积极推动作用。同时,该项目对加强巴基斯坦与邻国及中亚等国家的国际贸易关系,维护巴基斯坦社会稳定、巩固国防、改善投资环境,也发挥了重要作用(刘向晖等,2005)。

二期项目是中巴经济走廊框架下技术难度最大的基础设施项目,因其沿线地质条件复杂,桥隧结构物及高边坡防护工程众多,在施工过程中给项目团队造成了不少困难,但是项目团队发扬"喀喇昆仑精神",不畏险阻,攻坚克难,终于在2020年7月28日顺利实现了二期项目的全线贯通。

🔺 村镇主干道遥感影像图

🔺 连接村镇的重要交通干线遥感影像图

🔺 泥石流沟口跨桥遥感影像图

🔺 陡壁下公路遥感影像图

地质环境—地质灾害博物馆

"一川碎石大如斗,随风满地石乱走"是喀喇昆仑公路许多筑路工地自然环境的真实写照。据在当地开展科研考察的中国科学院成都山地灾害与环境研究所的陈晓清教授讲解,喀喇昆仑公路沿线山体由于内部构成元素的热胀冷缩程度不同,极易导致山体裂开,在风雨的侵蚀下便会形成落石,再加上其分布范围广,落石体量较大,因此成为影响公路安全的最大危害。喀喇昆仑公路地处高山峡谷冰川地带,区域构造复杂、地势险峻、气候多变、冰川活跃,地形、地质与水文等工程地质条件极其恶劣,并且经常发生泥石流、塌方、滑坡、岩崩等地质灾害,故被人们称为地质环境—地质灾害博物馆。

泥石流是喀喇昆仑公路沿线最为严重的地质灾害之一,爆发频率高,分布密度大,危害程度巨大,根据泥石流的特性项目团队采用了不同的治理方案。小型坡面泥石流一般规模小,爆发频率较高,对公路危害相对较小,主要处理措施为设置上挡墙、水泥混凝土路面和配合清理的方法解决;大型坡面泥石流,时常伴随崩塌、落石,危害较严重,根据公路与泥石流的关系和地形条件,采用了拦挡、排导、桥梁跨越或修建明洞的治理措施,从而有效减少了泥石流所造成的损失。

明洞是一种露天隧道,它的整体结构通常是一个完整的圆筒形,由仰拱、顶部结构和边墙组成,当大块的落石从高空坠落时顶部的弧形结构使得冲击力分散到各个不同角度,以免明洞被巨石损坏。由于喀喇昆仑公路溜石坡分布广泛,整个路段需要修建18座明洞,这不仅提高了道路的使用寿命,更重要的是这些明洞为行人和车辆提供了一层坚硬的安全保护壳。涎流冰的治理措施为加强排水、完善边沟、设置挡冰墙等。为防治滑坡对公路安全的影响,公路建设者在各滑坡路段设置了重力式抗滑挡墙。

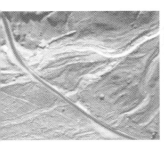

公路沿线泥石流遥感影像图

坡面泥石流遥感影像图

泥石流区桥梁遥感影像图

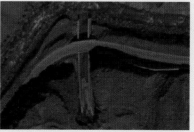

🔺 排导槽(规避泥石流)遥感影像图

🔺 涵洞(规避泥石流)遥感影像图　　🔺 滑坡遥感影像图

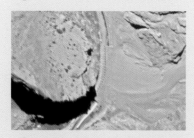

🔺 明洞(规避泥石流)遥感影像图　　🔺 明洞(规避崩塌和溜石坡)遥感影像图

🔺 崩塌遥感影像图

△ 溜石坡遥感影像图

 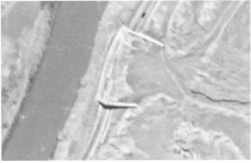

△ 渡槽(规避泥石流)遥感影像图

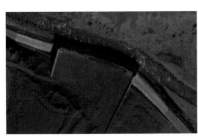 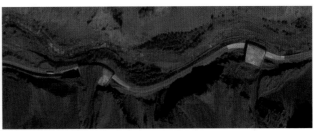

△ 渡槽(规避溜石坡)遥感影像图

　　喀喇昆仑公路——这条在巴基斯坦的高山大河和两国人民朴实心灵见证下筑成的友谊之路,将跨越时间和空间的阻隔,将中巴两国连得更紧,两国人民的情谊代代相传。

第三章
城镇乡村

斯利那加

斯利那加，坐落在克什米尔的中心地带，面积约105km²。斯利那加的含意是"太阳城"，当地气候凉爽，经常是丽日当空，其得天独厚的地理条件造就了独特的民族特性。它迷人的湖泊、雪白的山峰、苍翠的森林、辽阔的草原，素有"东方瑞士"之称，吸引着来自四面八方的游客。

🔺 斯利那加全景遥感影像图

斯利那加最有特色的要属清真寺了。其中，最大的清真寺当数位于达尔湖西北的哈斯那布清真寺，它西面的哈里帕布城堡，是阿富汗统治者于18世纪建起的防御工事。另外，还有一座重要的清真寺，它就是位于老城区中心位置的贾玛清真寺，寺内370根与人腰身粗细相当的高大的柱子显得庄严肃穆。除此之外，孔雀绿色的拉横那庙，具有尖顶塔状的哈纳卡清真寺都具有独特的魅力。

🔺 哈斯那布清真寺遥感影像图

🔺 哈里帕布城堡遥感影像图

🔺 贾玛清真寺遥感影像图

🔺 拉横那庙遥感影像图

　　市区西北方约12.5km的地方,有一片海拔2590m风景如画的高山草场古尔玛尔格,当地人称之为"开满鲜花的草原"或"花之牧场",它是克什米尔山谷最迷人的风景胜地。传说杰罕基当政时,在这里搜集了21种花卉,移植到他的皇宫中。这一带都是苍劲的松树,浓荫蔽日,曲径通幽,人们置身其中,有超凡脱俗之感。在这个高原上可以眺望壮丽的克什米尔山和喜马拉雅山最险峻山峰之一,海拔8126m的南伽山。这里还有一个海拔达285m的高尔夫球场,是世界上最美的高地高尔夫球场之一。

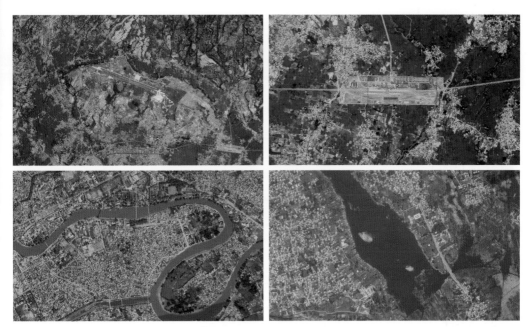

⬣ 斯利那加市区遥感影像图

斯利那加最著名的湖泊为达尔湖，达尔湖作为斯利那加最重要的自然资源和旅游资源，被称为"花之湖""斯利那加的宝珠"。湖中有金岛和银岛两个小岛，是欣赏风光的绝佳之地。除达尔湖外，还有曼纳斯波尔湖、乌拉尔湖、尼根湖等，都是值得一看的地方。

⬣ 斯利那加乡村遥感影像图

 查谟

查谟,位于喜马拉雅山南麓,海拔366m。此地交通便利,有铁路和公路通往印度和巴基斯坦,是旅游胜地也是当地的商业贸易中心和木材集散地。

查谟全景遥感影像图

查谟寺庙遥感影像图

查谟地区机场(左上)、火车站(右上)、长途客运站(下)遥感影像图

查谟地区是重要的农业地区,盛产稻米、玉米、小麦、油菜籽及苹果。畜牧业以养羊和牛为主,所产羊毛世界闻名,带动了该地区毛织、丝织和木雕等手工业的发展。

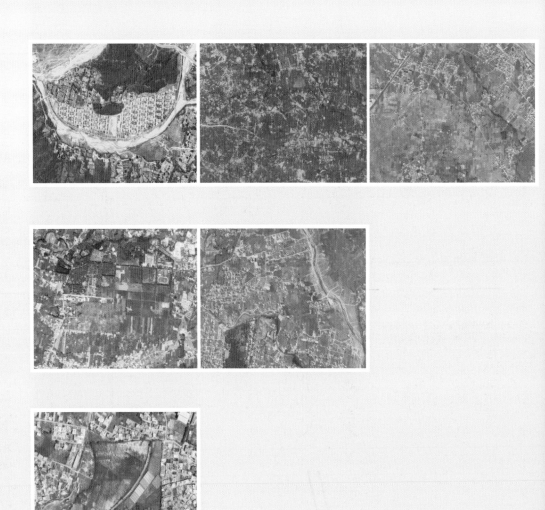

🔺 查谟农业区遥感影像图

巴胡城堡,建于3000年前,是一座古老而又富丽堂皇的城堡,位于塔威河的对岸,距离查谟主城大约5km。由当时的统治者巴胡洛查恩所建,是这个地区留存下来的最为古老的建筑之一。如今,城堡四周是郁郁葱葱的绿色台地花园和各种色彩斑斓的鲜花,人们依然能够感受到其往日的壮观和辉煌。

🔺 巴胡城堡遥感影像图

斯卡都

　　斯卡都,位于印度河南岸,是巴尔蒂斯坦的首府。巴尔蒂斯坦,在唐代被称为大勃律,清代被称为巴勒提。斯卡都距其西侧的吉尔吉特约150km,是从南部攀登世界第二高峰乔戈里峰的大本营。

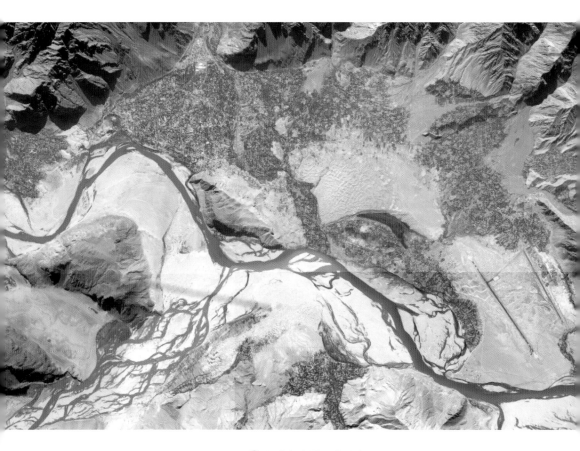

🔺 斯卡都全景遥感影像图

🔺 乔戈里峰(K2)前哨基地遥感影像图

斯卡都机场是一座军民两用机场。机场有两条沥青跑道,一条长约2660m,另一条长约3640m,是斯卡都与外界联系的重要交通枢纽。

🔺 斯卡都机场全景遥感影像图

　　斯卡都和吉尔吉特是吉尔吉特—巴尔蒂斯坦地区徒步
旅行和探险的胜地，冬季滑雪，夏季爬山，吸引了来自世界
各地的游客。但是，这里由于出行方式有限，再加上极端的
天气和复杂的地形，从城区通往郊区的交通十分不便。

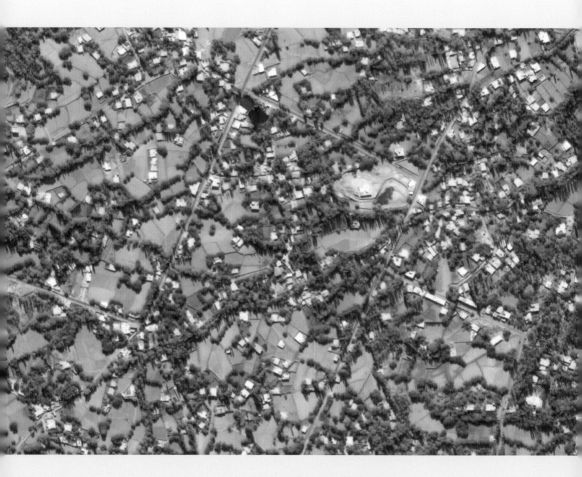

🔺 斯卡都乡村繁荣景象遥感影像图

 # 吉尔吉特

　　吉尔吉特，位于吉尔吉特河南岸，海拔1454m。曾为佛教中心，现为克什米尔北部经济、交通中心。人们沿罕萨河谷经中国、巴基斯坦边境的明铁盖山口可进入中国新疆。

▲ 吉尔吉特全景遥感影像图

吉尔吉特机场,位于吉尔吉特东部2.3km,是一座军民两用机场,由于跑道位于斜坡边缘,波音737和类似尺寸的喷气式飞机无法在吉尔吉特机场飞行。

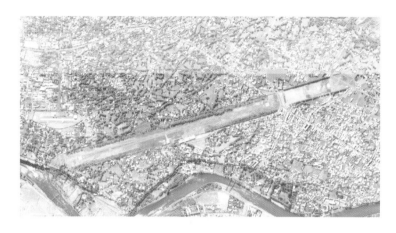

🔺 吉尔吉特机场遥感影像图

在吉尔吉特,有一座中国烈士陵园,是为修筑喀喇昆仑公路而牺牲的中国烈士而建,是每一个走在喀喇昆仑公路上的中国人都应去祭拜的地方。陵园按中国的方式修建,面积不大,处在一片开阔地带之中,四周用围墙围了起来。陵园里宁静肃穆,种满了苍松翠柏。白色纪念碑矗立在陵园中间,上面刻写着:中国援助巴基斯坦建设公路光荣牺牲同志之墓。据说,直到现在还有很多当地群众把中国牺牲者墓碑的照片挂在家中,以纪念那些长眠于巴基斯坦的中国朋友。

吉尔吉特中国烈士陵园遥感影像图

列城

　　列城是拉达克地区的首府。拉达克地区在印度
和巴基斯坦分治以后成为印巴两国争议的热点地区，
冲突不断；印度占领以后设立拉达克县。1979 年 7
月，印度将拉达克县拆分为列城县和卡基尔县，东部
为列城县，西部为卡基尔县。列城县西北与巴控克什
米尔巴尔蒂斯坦接壤，北面与锡亚琴冰川相连，东北
与中国新疆(阿克塞钦地区)和西藏自治区交界。

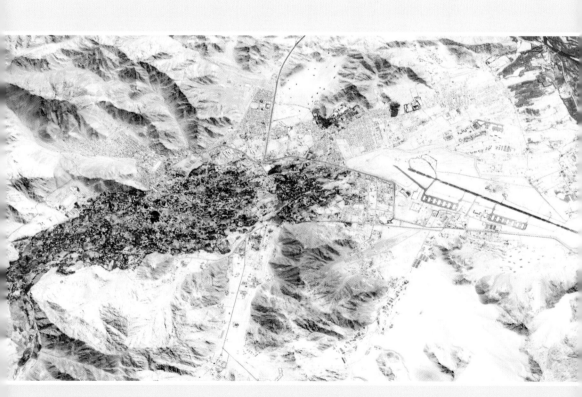

▲ 列城全景遥感影像图

　　1975年才对外开放的拉达克地区的确给人世外桃源的感觉,北有喀喇昆仑山脉作为屏障,东临青藏高原,西边和南边与喜马拉雅山脉接壤,海拔3500m的首府列城是拉达克地区最低的地方。每年的11月到次年4月因交通断绝,一般没有游客。地理环境决定了当地人有机会保持着他们自己的生活状态:平和,有尊严,不受外来文化的冲击。列城地区有着与中国西藏极其相似的风土人情和文化,几乎每个村落都有一座藏传佛教寺庙。

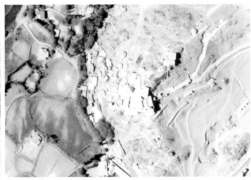

🔺 列城城区遥感影像图

　　列城虽然交通不便,但仍有航班可以抵达,当飞机快抵达列城时,窗外群山绵延,远处巍峨壮丽的南伽峰也清晰可见,飞机在群山间降落的感觉与在拉萨贡嘎机场完全一样。

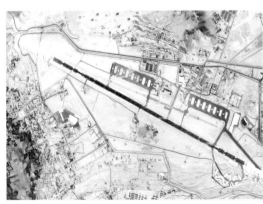

🔺 列城机场遥感影像图

卡基尔

　　卡基尔地处印控克什米尔拉达克地区,在历史上是中国西藏属地,印巴分治以后,印度占领拉达克地区并成立拉达克县。

▲ 卡基尔全景遥感影像图

🔺 卡基尔遥感影像图

罕萨

　　罕萨,位于新疆喀什西南面,是巴基斯坦东北部的一个美丽山谷,其首府旧称巴勒提特,现名卡里马巴德。罕萨位于罕萨河右岸,是当地的贸易中心。罕萨人聚集在巴基斯坦西北角和帕米尔接壤的喜马拉雅山深谷里。罕萨山谷距离我国的新疆仅30多千米,6万罕萨人世代过着"日出而作,日落而息"的农耕生活,他们被认为是世界上最健康的民族之一。

▲ 罕萨全景遥感影像图

　　世人很少到过罕萨,尤其是在20世纪70年代喀喇昆仑公路建成以前,只有少数访客来过这片几乎不可能穿越的地方。罕萨人因远离疾病、寿命超长而闻名于世。千百年来罕萨人与世隔绝,在这个雪山环抱的山谷里,开辟了层层叠叠的梯田,种植了漫山遍野的杏树、梨树和苹果树,过着平静简朴、与世无争的恬静生活。这里生活着世界上最长寿的老人,他们淳朴文雅、安静内向,活过100岁一点也不稀罕,就算是八九十岁的老人,仍然在田地里劳作,还能与四五十岁的"年轻人"进行对抗激烈、强度很大的运动。因此罕萨名列世界五大长寿乡之一。

罕萨梯田遥感影像图

第四章
河流湖泊

 **印度河**

印度河是巴基斯坦的主要河流,也是巴基斯坦重要的农业灌溉水源。印度河总长2900~3200km,发源于青藏高原,流经喜马拉雅山与喀喇昆仑山两山山脉之间的斯卡都至本吉峡谷,贯穿巴基斯坦全境,在卡拉奇附近注入阿拉伯海。左侧支流的上游部分大部分在印度境内,少部分在中国境内,右侧的一些支流源于阿富汗。

🔺 印度河3D遥感影像图

1. 印度河流域

印度河流域介于北纬24°—37°,东经66°—82°之间。东北倚喀喇昆仑山脉和喜马拉雅山脉,东南为塔尔沙漠,西北为兴都库什山脉,西南为俾路支高原,南临阿拉伯湾。干流的上游和左岸支流的上游均处于高山区。干流下游和河口地区处于印度河平原。印度河平原南北长1280km,东西宽320~560km,是巴基斯坦最富庶的农业区,上游主要是旁遮普省,下游是信德省。印度河流域的气候与植被之间存在着密切的关系。在旁遮普省和信德省,过度放牧和伐木作燃料已经导致许多自然植被的毁灭。此外,人类长期干预自然水系及毁林情况的加剧,使地下水环境和自然植被的生存环境不断恶化。印度河流域北部地区针叶林丰富。印度河水开发利用主要用于发电、航运及灌溉。

🔺 印度河流域林木资源遥感影像图

🔺 印度河上的水电站遥感影像图

2. 印度河支流

印度河有许多支流,喜马拉雅山区的支流有杰卢姆河、扎斯克尔河、什约克河、希格尔河、阿斯特河、罕萨河、吉尔吉特河、喀布尔河,波特瓦高原上的支流有索安河、哈罗河、古勒姆河、托奇河和锡兰河,旁遮普平原上的支流有杰卢姆河、杰纳布河、拉维河、萨特莱杰河和比亚斯河。

杰卢姆河全长约692km,从穆扎法拉巴德至杰卢姆镇。杰卢姆河在库沙布以上河道较窄,宽约3km,库沙布以下急转向南,河床宽达19km左右,沙希瓦尔以下更宽达24km,两岸之间有很多弯曲的古河道。同时,在克什米尔地区著名的城市查谟有印度河上游及其支流杰卢姆河贯穿境内,为城市的发展带来了丰富的水资源。

印度河支流杰卢姆河遥感影像图

印度河在拉达克地区其左岸接纳第一条支流扎斯克尔河，沿同一方向继续奔流，在右岸接纳其著名支流什约克河，在与什约克河汇合后，流至科希斯坦地区。

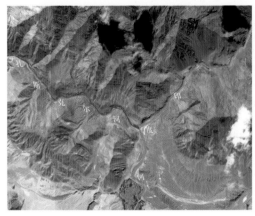

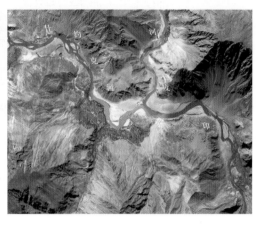

印度河支流扎斯克尔河遥感影像图　　印度河支流什约克河遥感影像图

希格尔河在斯卡都附近从右岸注入印度河。吉尔吉特河为下方另一条右岸支流，在本吉汇入。顺流而下，左岸支流阿斯特河汇入。后向西流，穿越克什米尔，然后折向南面和西南面，进入巴基斯坦境内。

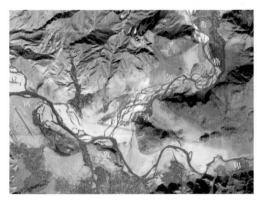

印度河支流希格尔河遥感影像图　　印度河支流吉尔吉特河遥感影像图

印度河在流出这一高海拔地区后，在巴基斯坦斯瓦特与哈扎拉地区之间成为一条湍急的山间河流，直至流到塔贝拉大坝为止。喀布尔河就在阿托克上方汇入印度河。最后，在加拉伯克切穿盐岭进入旁遮普平原。

印度河在特达附近开始进入其三角洲，散为若干支流，在卡拉奇附近注入海中。

湖泊

　　达尔湖长 8km,宽约 5km,湖水清澈,水草簇簇,游鱼成群,两岸层峦叠嶂,云霞掩映,明丽雄伟;附近草原上开满了野花,空气柔和而清新,是印度境内风景最优美的地方之一。

△ 达尔湖遥感影像图

　　曼纳斯波尔湖湖水清澈见底,湖平如镜,四周群山竞秀,胜似世外桃源,一片静谧。每逢夜幕低垂,皓月临空,俨然一位酣睡的美女,安详妩媚。湖底至今还沉睡着一座古庙。

🔺 曼纳斯波尔湖遥感影像图

🔺 乌拉尔湖遥感影像图

　　乌拉尔湖素有"快乐谷"之称。乌拉尔湖的湖水,翠绿得像翡翠一般,在它的东面有海拔5350m的哈拉穆卡山,湖光山色,令人陶醉。

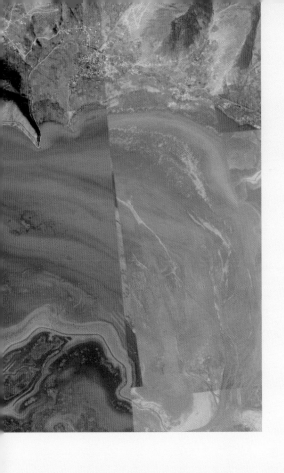

尼根湖遥感影像图

尼根湖与达尔湖中间有河流相接，小船可以来回通行于两湖之间，不少游客选择从尼根湖出发，一路观赏湖岸美景至达尔湖游玩。

锡卡都位于锡卡都谷的一个小镇,锡卡都谷长40km,宽10km,有3个湖泊,分别为上卡丘拉湖、下卡丘拉湖和萨特帕拉湖,萨特帕拉湖是锡卡都流域的主要湖泊,主要供应城市生活用水。

● 上卡丘拉湖
遥感影像图

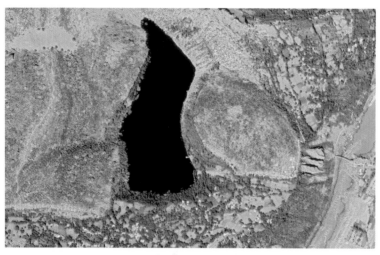

● 下卡丘拉湖遥感影像图

▲ 萨特帕拉湖遥感影像图

Kyagar Tso湖是列城最美的湖泊之一,在空中看就像一块翡翠镶嵌在广袤的沙漠中,吸引着世界各地的游客前来一睹其芳容。

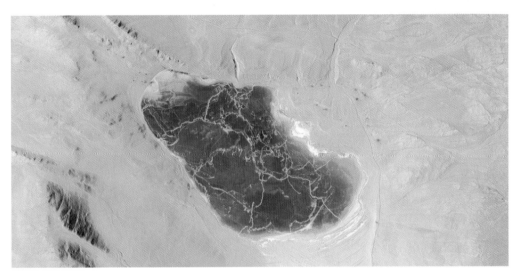

🔺 Kyagar Tso湖遥感影像图

Tso Moriri湖,湖长约19km,宽约7km,海拔4595m,它由一些小型冰川溪流补给,没有外部排水系统,加上蒸发率高,导致水变为了半咸的。

🔺 Tso Moriri湖遥感影像图

第五章
山脉冰川

　　无论是万仞直立,似斧,似剑,似擎天柱的山峰,还是山连着山,峰衔着峰,红色的岩,黑色的石,黄色的壁延绵而成的山脉,终年的积雪与崖畔悬挂的冰川在卫星视角下都能带给你不一样的感受。

 # 山脉

　　成行列的群山,山势起伏,向一定方向延展,状似脉络,故称山脉。唐周繇《题东林寺虎掊泉》诗:"爪抬山脉断,掌托石心拗。"明徐弘祖《徐霞客游记·粤西游日记一》:"随山脉登海阳庵,饭而后行,已下午矣。"

喀喇昆仑山脉

据传，"喀喇昆仑"源自突厥语，意为"黑色岩山"。喀喇昆仑山脉是亚洲著名山脉之一，宽约240km，长约800km，平均海拔超过6000m，共有19座山超过7260m，8个山峰超过7500m，其中4个超过8000m，诸山峰通常具有尖削、陡峭的外形，多雪峰及巨大的冰川，塔吉克斯坦、中国、巴基斯坦、阿富汗和印度等国的边界都辐辏于这一山系之内。

● 喀喇昆仑山脉3D遥感影像图

🔺 喀喇昆仑山脉山峰群遥感影像图

　　喀喇昆仑山脉属燕山褶皱系，大地构造的发育主要与南亚次大陆向北位移并与欧亚大陆碰撞有关，主要大地构造期开始于白垩纪，并持续到新近纪；山地抬升开始于新近纪，仍在进行。岩性以花岗岩、片麻岩、结晶板岩及千枚岩为主，南北两侧主要为石灰岩和云母板岩。南侧沉积岩常为花岗岩侵入体所切割，若干地区有板岩出露。喀喇昆仑山脉地震活动频繁，震级甚至有达9级以上者。有温泉分布。喀喇昆仑山耸立于青藏高原西北侧，连着帕米尔高原、喜马拉雅山及昆仑山脉。其主体部分在新疆维吾尔自治区与克什米尔的交界线上，青藏高原西北部是它的东延部分。

喀喇昆仑山脉的地形以巍峨的山峰和陡峭的山坡为特征,南坡长而陡,北坡陡而短。绝壁和塌磊(大块落石的巨大堆积)占据了广阔区域。在山间峡谷中,乱石斜坡广泛出现。横向山谷通常有狭窄、深邃、陡峭的山涧。喀喇昆仑山脉的气候主要是半干旱和大陆性的气候。

▼ 喀喇昆仑山脉主峰3D遥感影像图

 山峰

山峰一般指尖状山顶并有一定高度,多为岩石构成,也有断层、褶皱或垂直节理控制的结果。当两个板块相互挤压时,凸出的叫作背斜,凹下的叫作向斜,一般而言,背斜成山,向斜成谷。有时背斜土质疏松,容易被侵蚀变为山谷或者盆地,而向斜变成了山峰。

南迦帕尔巴特峰,位于巴基斯坦北都,海拔8125m(另有海拔8126m的测量数据),是世界第九高峰,攀登死亡率排名世界第三,亦被称为"杀人峰"。南迦帕尔巴特峰属于喜马拉雅山脉,地处喜马拉雅山脉最西端,在乌尔都语、印地语中被称为"裸体之山"。

🔺 南迦帕尔巴特峰遥感影像图

玛夏布洛姆峰，即 K1 峰，海拔 7821m，位于巴基斯坦北部，属于喀喇昆仑山脉，1856 年英国蒙哥马利少尉首次考察喀喇昆仑山脉时，用"K"开头标出了此山脉自西向东的 5 座主要山峰（著名的世界第二高峰乔戈里峰是 K2 峰）。在巴尔蒂语中"玛夏"意为女王，"布洛姆"意为山峰。

玛夏布洛姆峰遥感影像图

加舒尔布鲁木山在巴尔蒂语中的意思是"美丽的山",是一个峰群的总称,其中包括加舒尔布鲁木Ⅰ峰、加舒尔布鲁木Ⅱ峰、加舒尔布鲁木Ⅲ峰、加舒尔布鲁木Ⅳ峰、加舒尔布鲁木Ⅴ峰、加舒尔布鲁木Ⅵ峰等。

▼ 加舒尔布鲁木山遥感影像图

🔺🔻 喀喇昆仑山脉冰川遥感影像图

 冰川

冰川俗称冰河,指由积雪形成的并能运动的冰体。一般可分为源头的粒雪盆和流出的冰舌两部分。冰川冰有一定的可塑性,受重力和压力作用发生流动。在山区,冰川顺山谷下流,其流速每年几米至数百米不等。

低纬度山地冰川长度超过50km的8条冰川中,喀喇昆仑山脉占7条,分别是锡亚琴冰川、厦呈冰川、巴尔托洛冰川、彼亚福冰川、巴托拉冰川、喜士帕尔冰川、却哥隆玛冰川。

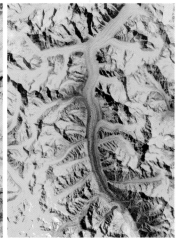

1. 锡亚琴冰川——自然环境

锡亚琴冰川又名星峡冰川,位于喀喇昆仑山脉南端的巴控克什米尔、印控克什米尔和中国新疆之间,是除极地之外的最大冰川,也称"地球第三极", 这一地区也是印度次大陆北部与中国的分水岭。站在冰川顶部,人们可以俯瞰克什米尔的大部分地区,控制锡亚琴冰川就意味着具有居高临下的优势,取得战略上的主动权,锡亚琴冰川的战略位置非常重要。

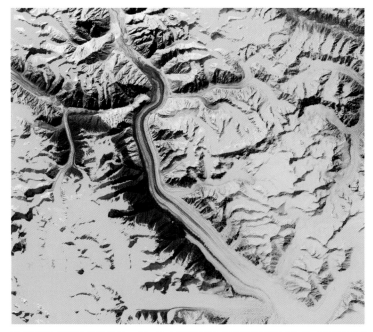

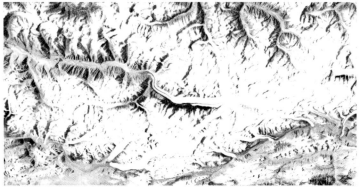

🔺 锡亚琴冰川遥感影像图

该冰川长约 72km,面积约 3000 余 km²,平均气温在 −50~−30℃ 之间。在地形上呈南北走向,西面为萨尔托洛山脉,冬面为喀喇昆仑山主脉。萨尔托洛山脉北端延伸至中国境内与喀喇昆仑山锡亚康戈里峰相连。这一地区气温最低达 −50℃,由于位于降水迎风坡,冬季平均降雪量 10.5m,并伴有时速 80km 的大风,可谓是冰与雪的世界。

冰川融水是印度河的主要来源,并提供世界上最大的灌溉系统。对于巴基斯坦而言,境内 3 条主要河流均发源于克什米尔地区,特别是流经北部地区的印度河,其重要的汇入水系来自以锡亚琴冰川为源头的努布拉河,对于水资源短缺的巴基斯坦北部地区来讲,锡亚琴冰川常年不化的积雪仿佛是克什米尔地区的"固态水库"。

锡亚琴意为"野玫瑰生长的地方",然而,这个名字并没有给这片土地带去更多的富饶和美丽。相反,这里的冰川硕大无比,碎石嶙峋,多孔多穴,裂纹斑斑,它是喀喇昆仑山脉之巅的冰雪滑落至山谷堆积形成的冰川。那里寸草不生,没有动物,即便是夏季也只有少数地区裸露出岩石和土壤。

2. 厦呈冰川

该冰川位于喀喇昆仑山脉南坡巴控克什米尔一侧,发源于海拔 7441m 的特拉木坎力峰脚下,冰舌末端在海拔约 3700m,呈北西–南东走向。厦呈冰川面积 1180km²,长度 75km,平均厚度超过 900m。

3. 巴尔托洛冰川

该冰川位于喀喇昆仑山脉南坡巴控克什米尔一侧,冰川南干流发源于海拔8080m的加舒尔布鲁木Ⅰ峰,北支高德温—奥斯腾冰川发源于海拔8611m的乔戈里峰,冰舌末端在海拔3500m左右。巴尔托洛冰川面积895km²,长度66km。

4. 彼亚福冰川

该冰川位于喀喇昆仑山脉南坡巴控克什米尔一侧,发源于海拔6550m塔胡鲁图姆峰脚下,冰舌末端在海拔3100m左右。彼亚福冰川面积550km²,长度约60km。

5. 巴托拉冰川

该冰川位于喀喇昆仑山系北部,呈北西－南东流向的树枝状纵谷冰川,伸入洪札河谷中,雪线海拔4500～5300m,冰舌末端在海拔2540m左右。巴托拉冰川面积332km²,长度59.20km。

6. 喜士帕尔冰川

该冰川位于喀喇昆仑山脉南坡巴控克什米尔一侧,发源于海拔7884m的达斯托吉尔峰脚下,冰舌末端在海拔3000～3200m。喜士帕尔冰川面积超过600km²,长度62.20km。

7. 却哥隆玛冰川

该冰川位于喀喇昆仑山脉南坡巴控克什米尔一侧,发源于哈喇莫息峰南侧海拔7248m的无名峰脚下,冰舌末端在海拔2800m左右。却哥隆玛冰川面积600km²,长度55km。

第六章
地质景观

在中国、印度、巴基斯坦三国的夹缝中，有一片古老神秘的土地：克什米尔。一个充满无穷诱惑力和神秘感的名字。克什米尔位于南亚次大陆的西北部，是青藏高原西部和南亚北部交界的过渡地带，这里的地形主要以高原和山地为主，大部分地区在海拔4000m以上，分布着很多冰川荒原和无人区，不适合人类居住，只有低海拔地区河谷地带人口比较集中。但是在大自然的鬼斧神工之下，这片土地依然呈现出一幅壮丽的画卷。

沧海桑田、物换星移的见证者——岩层

岩层是指两个平行或近于平行的界面所限制的同一岩性组成的层状岩石。覆盖在原始地壳上层层叠叠的岩层，是一部地球几十亿年演变发展留下的"石头大书"，地质学上叫作地层。地层从最古老的地质年代开始，层层叠叠地到达地表。一般来说，先形成的地层在下，后形成的地层在上，越靠近地层上部的岩层形成的年代越近。岩层记录着大地亿万年的风云变幻，是我们了解大自然的开端。让我们随着色彩丰富的Landsat8影像，一起来感受岩层带给我们的美丽与震撼吧。

奇山险峰、逶迤盘桓的塑造者——构造

大自然这位工匠师，总是对山脉情有独钟，无论什么地方都会出现它精心雕刻的杰作，有的千峰万仞，气势磅礴；有的高险幽深，飞云荡雾；有的清逸秀丽，婀娜多姿；有的积玉堆琼，娇面朦胧。而其中的秘密武器就是各种构造，构造是地壳运动的产物。由于地壳中存在很大的应力，组成地壳的上部岩层在地应力的长期作用下就会发生变形，形成构造变动的形迹，如在野外经常见到的岩层的褶皱和断层等。

1. 壁立千仞，层出不穷（岩层层理）

岩层层理是指岩层中物质的成分、颗粒大小、形状和颜色在垂直方向发生改变时产生的纹理，一般厚几厘米至几米，其横向延伸可以是几厘米至数千米。俯瞰下，层理就像一把精致的雕刻刀，将山脉刻成一个个薄片，让其在千姿百态的群山中独树一帜，引人注目。通过遥感影像，层理更多了几分险峻巍峨，让人望而生畏。

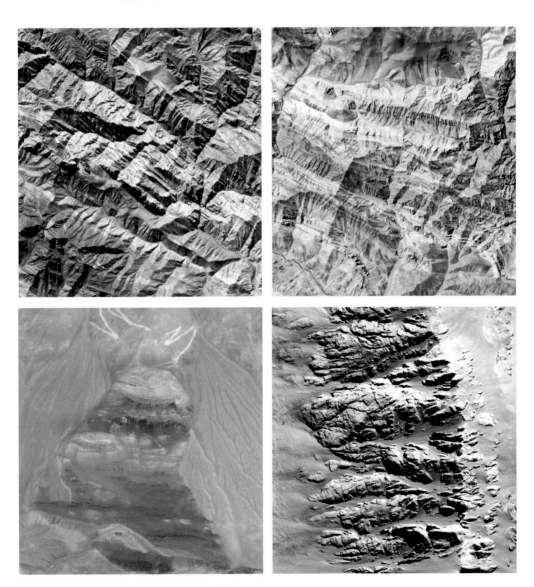

▲ 岩层遥感影像图

🔺 岩层层理遥感影像图

2. 开天辟地，摇山撼岳（褶皱）

褶皱是一个地质学名词，它是岩石中的各种面（如层面、面理等）受力发生的弯曲变形。褶皱是由岩石中原来近于平直的面变成了曲面而表现出来的。有些褶皱的形成就像用双手从两边向中央挤一张平铺着的报纸，报纸会隆起，隆起得过高以后，顶部又会弯曲塌陷。这就说明了两种力对褶皱形成的作用，一是水平的压缩力，二是其自身的重力。

🔺 褶皱3D遥感影像图

　　另外,褶皱也并不都是向上隆起,褶皱面向上弯曲的称为背斜;褶皱面向下弯曲的称为向斜。一般褶皱很少由一种力量形成,往往是多种力量造成的。有些褶皱并不明显,有些褶皱却很显著。它们的大小也相差悬殊,大的绵延几千米甚至数百千米,小的却只有几厘米甚至只有在显微镜下才能看到。从高分二号卫星的视角,能直观地感受到大自然的力量,岩层在它手中如橡皮泥一样,被它随意揉捏。我们在感叹大自然力量的同时,也应有敬畏之心。

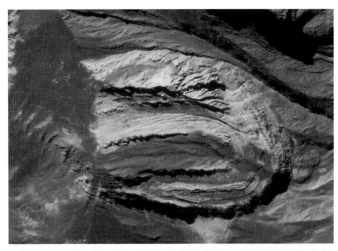

◀◀ 褶皱遥感影像图

水文与地质灾害景观

1. 水文

1）泉

泉有两种含义：一是地下水的天然露头；二是含水层或含水通道与地面相交处产生地下水涌出地表的现象，多分布于山谷和山麓，是地下水的一种重要排泄方式。它是在一定的地形、地质和水文地质条件的结合下产生的。在适宜的地形、地质条件下，潜水和承压水集中排出地面成泉。泉往往是以一个点状泉口出现，有时是一条线或是一个小范围。泉水多出露在山区与丘陵的沟谷和坡角、山前地带、河流两岸、洪积扇的边缘和断层带附近，而在平原区很少见。

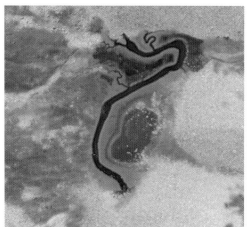
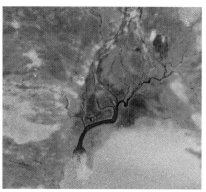

◆◆ 泉遥感影像图

2)溢出带

由于岩性改变使透水性减小,潜水流动受到阻塞而被迫溢出地表的地带被称为溢出带。溢出带常见于山前平原的中部,该处的冲积物、洪积物由砂砾转变为黏性土,潜水流受阻而溢出地表。地下水溢出带一般发育在海拔相对较低的山前或沟谷部位的冲积扇前缘,洪积扇前缘溢出带多为浅层地下水因受地形降低及洪积扇前缘洪积物颗粒变细、阻水性变大形成的隔水层作用而溢出地表形成的。在高分二号影像上溢出带位于洪积扇前缘,多呈弧线形展布,沿溢出带有泉点分布,植被发育,色调呈绿色、浅绿色、深绿色。在水文地质中,溢出带可以作为寻找地下水的重要依据,也是寻找水源的重要标志。

◐◑ 溢出带遥感影像图

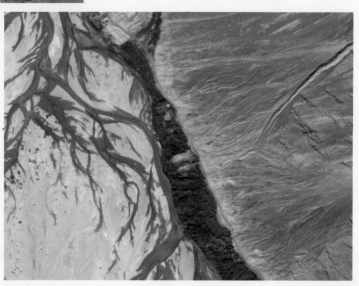

2. 地质灾害

地质灾害是指在自然或者人为因素的作用下形成的,对人类生命财产、环境造成破坏和损失的地质作用(现象),如崩塌、滑坡、泥石流、地裂缝、地面沉降、地面塌陷、岩爆、黄土湿陷、岩土膨胀、砂土液化,土地冻融、水土流失、土地沙漠化及沼泽化、土壤盐碱化,以及地震、火山等。

1)泥石流

因为暴雨、暴雪或者其他自然灾害,在山区或者其他沟谷深壑、地形险峻的地区引发的山体滑坡并携带有大量泥沙以及石块的特殊洪流,被称作泥石流。泥石流具有爆发突然、来势

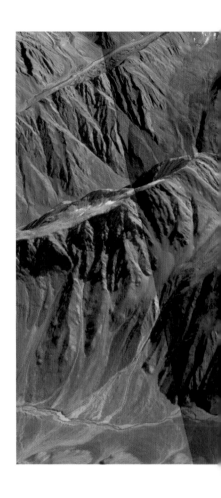

🔺 泥石流遥感影像图

△ 泥石流3D遥感影像图

凶猛的特点,在其高速前进时,伴随着强大的能量,因而具有极大的破坏性。泥石流流动的全过程一般长的达几小时,短的仅几分钟,是一种广泛分布于世界各国一些具有特殊地形、地貌状况地区的自然灾害。泥石流大多伴随山区洪水而发生。俯瞰之下的泥石流,显得并不起眼,无法想象它就是让人谈之色变的灾害虎将。但是通过高分二号影像,我们马上就有了身临其境的感觉。

2）堰塞湖

堰塞湖是指因火山熔岩流、冰碛物或因地震活动使山体岩石崩塌等引起山崩滑坡体等堵截山谷、河谷、河床后贮水而形成的湖泊。

当堰塞湖构体受到冲刷、侵蚀、溶解、崩塌等作用，堰塞湖便会出现"溢坝"，最终会因为堰塞湖构体处于极差地质状况，演变"溃堤"而瞬间发生山洪暴发的洪灾，对下游地区有着毁灭性破坏。

堰塞湖的英文译名一般有landslide dam、debris dam、barrier lake，意指塌方时形成天然堤坝，堵塞水流而形成湖泊，但自2008年5月汶川大地震后，香港《南华早报》采用quake lake（地震湖）一词后，该词普遍被世界各地的英文媒体采用。Quake Lake原本是指美国蒙大拿州1959年严重地震所形成的一个湖。

堰塞湖的堵塞物不是固定不变的，它们也会受到冲刷、侵蚀、溶解、崩塌等。一旦堵塞物被破坏，湖水便漫溢而出，倾泻而下，形成洪灾，极其危险。灾区形成的堰塞湖（海子）一旦决口后果严重。伴随次生灾害的不断发生，堰塞湖（海子）的水位可能会迅速上升，随时可发生重大洪灾。堰塞湖（海子）一旦决口会对下游形成洪峰，破坏性不亚于泥石流。

如果单从湖泊的角度看，堰塞湖的美不逊于其他湖泊，甚至有过之而无不及。但是，它的危险相对于它的美来说，更应引起关注。堰塞湖的下游往往是居民聚集地，堰塞湖就像悬在他们头上的"达摩克利斯之剑"，时时刻刻都充满危险。所以，除了有效的治理外，保护环境、敬畏自然更是人人都应该做的。

堰塞湖 3D 遥感影像图

堰塞湖遥感影像图

典型地貌景观

1. 辫状河

　　辫状河是一种山地河流地貌,其主要由分汊型河床导致,河床因心滩、沙洲造成河床分汊,宽窄相同,多河道、多次分汊和汇聚,形似发辫,所以称为辫状河。辫状河常发源于陡坡、山地、河流上游河段以及冲积扇上,因其地面容易出现粗颗粒沉积物,有利于形成辫状河。

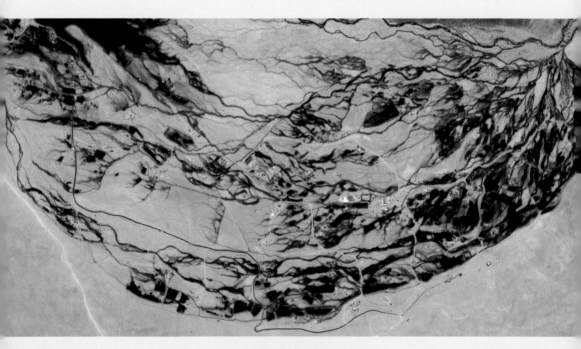

▲ 辫状河遥感影像图

2. "U"形谷

"U"形谷一般指冰川侵蚀形成的冰川谷,又称槽谷,是由冰川过量下蚀和展宽形成的典型冰川谷,两侧一般有平坦的谷肩,横剖面近似"U"形。高山和高纬度地区,气候寒冷,地表常被冰雪覆盖。这些冰雪经过挤压和重新结晶,并在重力作用下缓慢地运动,形成冰川。当冰川占据以前的河谷或山谷后,由于冰川对底床和谷壁不断进行剥蚀和磨蚀,同时两岸山坡岩石经寒冻风化作用不断破碎,并崩落后退,使原来的谷地被改造成横剖面呈抛物线形状的"U"形谷,这样有利于更有效地排泄冰体。冰川的侵蚀,塑造了多种多样的冰蚀地貌。而"U"形谷是由流动冰川不断侵蚀山谷底而形成的(杨伦等,2007)。

▲ "U"形谷3D遥感影像图

3. "V"形谷

在河流的上游以及山区河流,由于河床的纵比降和流水速度大,产生较强的下蚀能力,使河谷的加深速度快于拓展速度,从而形成在横断面上呈"V"字形的河谷,如我国长江上游的金沙江河谷,谷坡陡,谷底窄,横断面为"V"字形,著名的金沙江虎跳峡的江面最窄处仅有30m。在河流的下游或平原区的河流,情况却相反,下蚀能力较弱。通过高分二号、Landsat8、谷歌影像进行对比,不同的遥感影像可带来不同的视觉感受。

"V"形谷遥感影像图

4. 风积沙

风积沙一般是指受到风吹,积淀而成的沙层,多见于沙漠、戈壁。风积沙的粒径主要在 0.074~0.025mm 之间,含量一般大于 90%。通过高分二号影像可以很明显地看到鳞片状的结构,显得蔚为壮观。

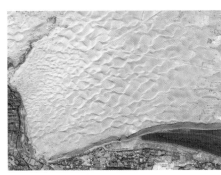

▲ 风积沙遥感影像图

5. 洪积扇

洪积扇是由于洪流侵蚀将大量的碎屑物质搬运到沟口或山坡低平地带,后由于流速减小而迅速堆积形成的扇状堆积体。由于河流出山口后,比降显著减小,水流分散形成许多分支,因气候干旱,分散的水流更易蒸发和渗透,于是水量大减,甚至消失,因此它所携带的物质大量堆积,形成坡度较大的扇形堆积体。组成洪积扇的堆积物叫作洪积物,通常扇顶物质较粗,主要为砂、砾,分选较差,随着水流搬运能力向边缘减弱,堆积物质逐渐变细,分选也较好,一般为沙、粉沙及亚黏土。洪积扇沿山麓常连成一片,构成山前倾斜平原。阴山、贺兰山、祁连山、天山宽广的山脉下,各个山谷谷口的洪积扇互相连接形成山麓洪积平原。整个平原的扇缘因为地下水富集,会有连片的湿润地区,这在干旱地区最为宝贵,于是这些湿润地区就成了村落与耕地集中的地方,如新疆的乌鲁木齐、石河子等现代化城市,以及大片的瓜果、棉花生产基地,大部分都坐落在天山北麓的山前洪积扇绿洲上。河西走廊的张掖、酒泉、武威这些在戈壁荒漠间的历史名城,瓜果飘香、沟渠纵横,则是拜祁连山的洪积扇所赐。通过高分二号影像,能明显地看到一把"蒲扇"横卧在大地之上。

▲ 洪积扇遥感影像图

6. 溯源侵蚀

溯源侵蚀,也称向源侵蚀,是指地表径流使侵蚀沟向水流相反方向延伸,并逐步趋近分水岭的过程。河流或沟谷发育过程中,因水流冲刷作用加剧,下切侵蚀不仅加深河床或沟床,并使受冲刷的部位随着物质的剥蚀分离向上游源头后退。侵蚀基准面的变化必然引起河流的再塑造。当侵蚀基准面上升时,水面比降减少,水流搬运泥沙的能力减弱,河流发生堆积。相反,当侵蚀基准面下降时,出露的河床坡度增大,水流侵蚀作用加强,开始在新出露的河段发生侵蚀,然后逐渐向上游发展,导致向源侵蚀。所以侵蚀基准面变化是引起向源侵蚀的主要原因(王数,2015)。

▼ 溯源侵蚀遥感影像图

7. 河道变迁

河道变迁是指由于河流的天然改道或改向使河道发生平面迁移的现象。河道变迁一般有3种原因：一是由于升降运动的方向和速度的差异而引起的河道变迁，就是以构造因素为主的渐进式河流改道；二是以水文因素为主的突发式河流改道；三是因河曲发育，河流袭夺，河道裁弯取直所引起的。通过高分二号影像我们发现，河道变迁是受断层的影响，致使河道发生改变，形成了奇特的地貌，俯瞰之下，让人惊叹。

🔺 河道变迁遥感影像图

8. 冰川湖

　　冰川湖是指小型山地湖泊,尤其是冰川侵蚀而成的围椅状洼地中的湖泊。它是由冰川挖蚀成的洼坑和冰碛物堵塞冰川槽谷积水而形成的一类湖泊。冰川湖主要分布在高山冰川作用强烈的地区,其中在念青唐古拉山和喜马拉雅山区较为普遍。它们分布的海拔一般较高,而湖体较小,多数是有出口的小湖。相比于其他湖泊,冰川湖以独特的方式隐藏在群山之间,虽不及西湖的淡妆浓抹总相宜,但也有种湖面无风镜未磨的独特之美。

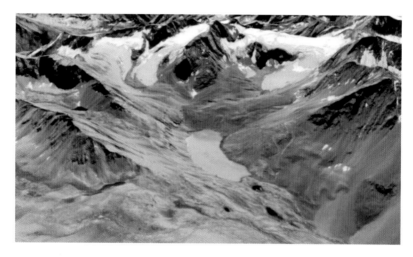

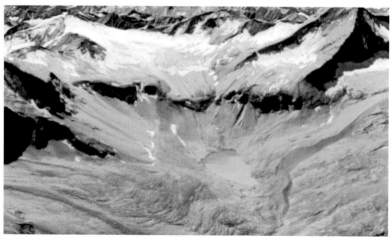

🔺 冰川湖遥感影像图

主要参考文献

刘斐,2013.高分一号"高"在哪里[J].太空探索(6):2.

刘向辉,朱少华,2005.跨越天堑 葱岭古道变坦途——喀喇昆仑公路修建始末[J].湘潮(7): 42-47.

潘腾,2015.高分二号卫星的技术特点[J].中国航天(1):3-9.

齐中熙,2015.情系喀喇昆仑公路 中国企业建设"中巴友谊路"纪实[J].中亚信息(12):15+14.

丘学雷,2014.我国成功发射高分二号卫星[J].中国航天(9):5.

王数,2015.地质学与地貌学[M].北京:中国农业大学出版社.

杨伦,刘少峰,王家生,2007.普通地质学简明教程[M]武汉:中国地质大学出版社.

图书在版编目(CIP)数据

喀喇昆仑南麓卫星遥感景观图册/张志军等编著. —武汉:中国地质大学出版社,
2022.1

ISBN 978 - 7 - 5625 - 5084 - 6

Ⅰ.①喀…

Ⅱ.①张…

Ⅲ.①喀喇昆仑山 - 卫星图像 - 图集

Ⅳ.①P942.076 - 64

中国版本图书馆 CIP 数据核字(2022)第 043104 号

喀 喇 昆 仑 南 麓 卫星遥感景观图册	张志军　苏小钦　李有三　郑　磊 王　明　祁有辉　张文华　陈彦军	编著

责任编辑:张　林	选题策划:张　林	责任校对:何澍语
出版发行:中国地质大学出版社(武汉市洪山区鲁磨路388号)		邮政编码:430074
电　话:(027)67883511　　传　真:(027)67883580		E - mail:cbb@cug.edu.cn
经　销:全国新华书店		http://cugp.cug.edu.cn
开本:787毫米×960毫米　1/16		字数:128千字　印张:6.5
版次:2022年1月第1版		印次:2022年1月第1次印刷
印刷:武汉中远印务有限公司		
ISBN 978 - 7 - 5625 - 5084 - 6		定价:128.00元

如有印装质量问题请与印刷厂联系调换